U0063751

新雅小百科

香港社區

新雅文化事業有限公司
www.sunya.com.hk

使用說明

《新雅小百科系列》

本系列精選孩子生活中常見事物，例如：動物、地球、交通工具、社區設施等等，以圖鑑方式呈現，滿足孩子的好奇心。每冊收錄約50個不同類別的主題，以簡潔的文字解說，配以活潑生動的照片，把地球上千奇百趣的事物活現眼前！藉此啟發孩子增加認知、幫助他們理解世上各種事物的運作，培養學習各種知識的興趣。快來跟孩子一起翻開這本小百科，帶領孩子走進知識的大門吧！

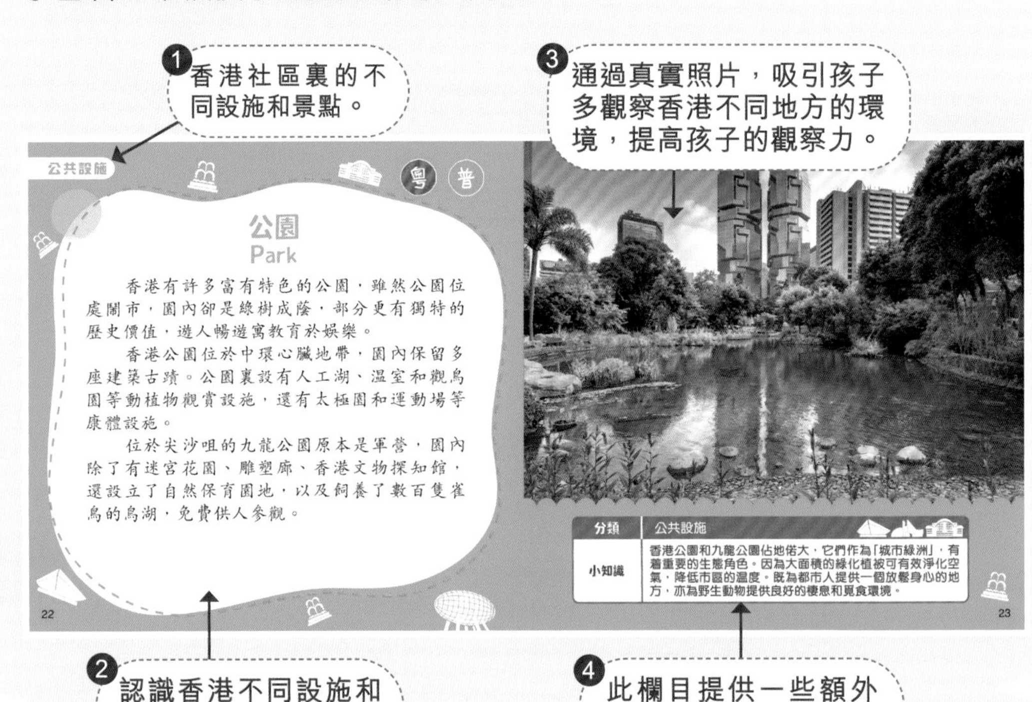

1. 香港社區裏的不同設施和景點。
2. 認識香港不同設施和景點的功能、歷史由來和建築特色等等。
3. 通過真實照片，吸引孩子多觀察香港不同地方的環境，提高孩子的觀察力。
4. 此欄目提供一些額外的趣味知識，吸引孩子的學習興趣。

使用新雅點讀筆，讓學習變得更有趣！

本系列屬「新雅點讀樂園」產品之一，備有點讀功能，孩子如使用新雅點讀筆，也可以自己隨時隨地聆聽粵語和普通話的發音，提升認知能力！

啟動點讀筆後，請點選封面 新雅・點讀樂園，然後點選書本上的文字或照片，點讀筆便會播放相應的內容。如想切換播放的語言，請點選 粵 普 圖示。當再次點選內頁時，點讀筆便會使用所選的語言播放點選的內容。

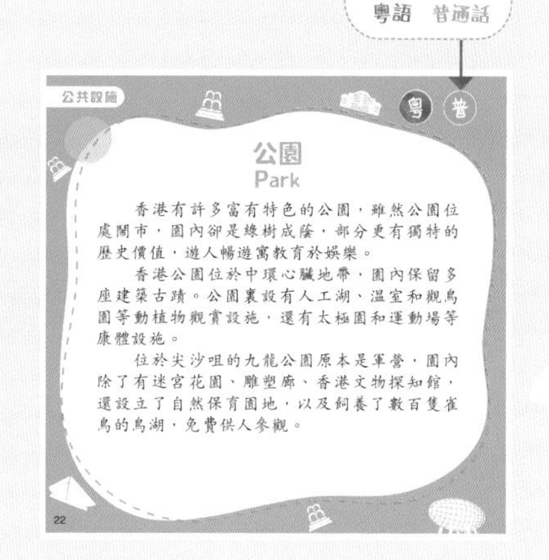

如何下載本系列的點讀筆檔案

1. 瀏覽新雅網頁(www.sunya.com.hk) 或掃描右邊的QR code 進入 新雅・點讀樂園 。

2. 點選 下載點讀筆檔案 ▶ 。
3. 依照下載區的步驟說明，點選及下載《新雅小百科系列》的點讀筆檔案至電腦，並複製至新雅點讀筆裏的「BOOKS」資料夾內。

目錄

公共設施

博物館

公共設施 Public Facilities

公共設施是指由政府或其他社會機構提供，給市民使用的公共建築或設備。

在日常生活中，我們有不少活動都需要在戶外進行，所以大部分人都希望在自家社區附近可以興建多一些公共設施。公共設施除了使日常生活更便利，還可以提升生活質素。比如，想踢球或踏單車的可以去運動場或單車館、空閒時就到公園散步、或到圖書館借閱圖書、生病了則往醫院門診求醫等等。

圖書館
Library

圖書館是一處可以讓我們免費借閱圖書的地方。圖書館藏有許多的書，無論是童話書、繪本、科學圖書，關於恐龍、公主、巴士、飛機，甚至太空船的書都可以找到。

圖書館有一些規矩需要遵守，例如：閱讀時要保持安靜，不可以大叫和進食；不可以隨處奔跑。我們要愛惜圖書館內每一本書，不可以毀壞，這樣別人才可以享有閱讀的樂趣。除了實體書，你還可以向圖書館管理員申請借閱電子書、互動光碟和影音資料。記得閱後要準時歸還，過期便要罰款。

分類	公共設施
小知識	位於銅鑼灣的香港中央圖書館是全港最大的公共圖書館，館藏量也是最多的。此館樓高 12 層，建築獨特，中間的拱門設計，象徵「知識之門」。館內設備完善，一直深受市民歡迎，入場人次和書籍借出數字也是全港圖書館之冠。

醫院
Hospital

醫院是救治和護理病人的地方，也提供緊急醫療服務。醫院的主要設施包括：專科門診（分為牙科、眼科、兒科、婦科等等）、急症室、藥房、手術室、住院病房等。

市民在門診看病後，便到藥房領取藥物；較危急者可以前往設有 24 小時服務的急症室求醫。

在醫院裏堅守崗位守護病人的，除了前線醫生和護士，還有後勤支援的抽血員、病房助理、清潔員等。此外，醫院大門外，經常有救護車和復康巴士，接載有需要的求診人士出入。

分類	公共設施  
小知識	香港的醫院分為公營和私營兩類。公營醫院是指由政府或公營機構資助或營運的醫院，費用相宜，旨在確保所有人皆可得到基本的醫療服務；私營醫院則指由醫院自給自足地營運，費用較公營醫院為高。

消防局
Fire Station

消防員的使命是「救災扶危，為民解困」，保障市民的生命財產，免受災難侵害。而消防局便是一所駐有消防員及放置消防設備的建築物。消防局裏停放了不同類型的消防車。除救火外，消防員日常亦要處理文書工作，所以消防局內設有辦公室、健身室、飯堂等。

為確保消防人員有良好的體魄，消防局設有基本訓練設施（實景消防塔）和操場，以便消防員每日進行訓練。此外，消防局的門前設有幾道紅色的電閘，那是出動消防車必經之地。

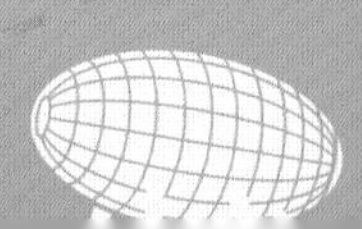

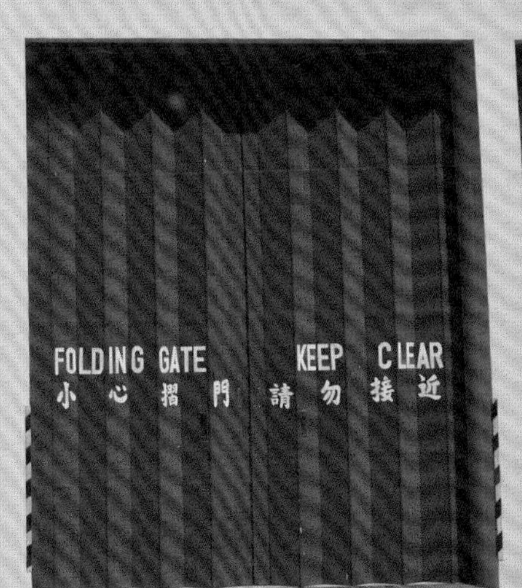

EyeofPaul /Shutterstock.com

分類	公共設施 
小知識	消防局內有一個叫「四紅一白」的俗語，以車輛的顏色命名。「四紅」是指在一級火警裏，最常見的 4 種消防車，包括：油壓升降台、泵車、輕型搶救車、旋轉台鋼梯車；「一白」是指救護車。當接到需要救火的救助，上述 5 輛車通常會一同出勤。

游泳池
Swimming Pool

　　游泳是許多人喜愛的消閒活動。一般而言，公眾游泳池內除了主池、副池，還有兒童池、習泳池、嬉水池、跳水池等。嬉水池普遍是不規則形狀，有些較大型的更設有如滑水梯、蘑菇形瀑布、噴泉等嬉水設施。

　　進入游泳池前，我們要先到更衣室換上泳衣，個人物件可放在儲物櫃，並需行經水簾和洗腳池，才可以玩水。

　　所有游泳池均有救生員當值，以保障游泳人士的水上安全，免生意外。

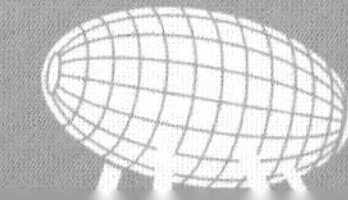

© Pindiyath100 | Dreamstime.com

分類	公共設施
小知識	維多利亞公園游泳池是全港首座公共游泳池，早於 1957 年啟用，歷史悠久。後來，經過重建，於 2013 年建成現在的新泳池。

郵政局
Post Office

郵政服務並非只是郵差派信件這麼簡單，其實在郵政局還要處理各種工作。全港大約有超過 120 間郵政局，局內設有郵政櫃位、郵政信箱、郵筒等。

在郵政櫃位，當值的郵務員主要是處理不同種類的信件或包裹投遞及領取、郵票和集郵、匯款、繳費服務等工作。櫃位還設有顯示屏，讓顧客清楚每一項交易。此外，部分郵政局更設有郵趣廊及郵展廊等設施，如香港郵政總局，而該局亦是使用率最高的郵政局之一。

James Jiao/Shutterstock.com

分類	公共設施 
小知識	資訊科技及航空運輸業還未普及的年代，「寄信」就是一個最普遍的遠程溝通方法。於 1976 年啟用的香港郵政總局，見證了歷史意義，它在中區填海計劃進行前位處海旁，因為那年代大部分郵件都採用海郵，不是空郵，所以需要靠近海邊。

警署
Police Station

學校裏有班長、風紀負責維持課室和學校的秩序，社會的治安和保護市民的使命就有警察來幫手。警署，又稱警察局，是警察隊伍上班的地方。

在警署裏，停放了很多不同類型的車輛，方便警員出勤巡邏。警署內設有報案室、羈留室、槍房等。報案室是處理所有案件的行政核心，負責跟進市民報案，如拾獲失物、案件查詢及與其他執法部門協作；報案室設有屏風分隔式櫃位，提高私隱度。而警署的羈留室則是扣留疑犯的地方。

分類	公共設施
小知識	灣仔警察總部的「高級警官餐廳」是招待督察級或以上人員的餐廳，其咖哩餐歷史悠久。據說上世紀五、六十年代，警隊有不少英籍及印巴籍警員，印巴籍警員每天吃咖哩，其他同事一嘗之下，發現非常美味，之後便在警隊流傳，咖哩餐的傳統便由此而起。

運動場
Sports Ground

　　每天做適量的運動是保持健康體魄的重要條件。喜歡跑步的，可以前往運動場舒展筋骨。運動場內，設有看台、主場、副場，以及舉辦田徑活動的設施。

　　想踩單車的，就可以到位於將軍澳的香港單車館。在單車館，會發現一條長 250 米的木製場地賽道，並提供多元化的康體設施，如觀眾席、健身室、兒童遊戲室、單車亭等。此外，單車館的外型呈鵝蛋形，鋼結構蓋頂軸長 150 米，短軸長 110 米，概念源於單車運動員所佩戴的頭盔。

分類	公共設施 
小知識	港隊單車運動員黃金寶於 2006 年，在多哈亞運會贏得金牌，於是政府決定斥資興建單車場館，推廣單車運動。香港單車館是本港首個擁有符合舉辦國際單車賽事的室內單車場館。

公園
Park

香港有許多富有特色的公園，雖然公園位處鬧市，園內卻是綠樹成蔭，部分更有獨特的歷史價值，遊人暢遊寓教育於娛樂。

香港公園位於中環心臟地帶，園內保留多座建築古蹟。公園裏設有人工湖、温室和觀鳥園等動植物觀賞設施，還有太極園和運動場等康體設施。

位於尖沙咀的九龍公園原本是軍營，園內除了有迷宮花園、雕塑廊、香港文物探知館，還設立了自然保育園地，以及飼養了數百隻雀鳥的鳥湖，免費供人參觀。

分類	公共設施
小知識	香港公園和九龍公園佔地偌大，它們作為「城市綠洲」，有着重要的生態角色。因為大面積的綠化植被可有效淨化空氣，降低市區的溫度。既為都市人提供一個放鬆身心的地方，亦為野生動物提供良好的棲息和覓食環境。

香港動植物公園

Hong Kong Zoological and Botanical Gardens

香港動植物公園是本港歷史最悠久的大型公園，擁有逾150年歷史，坐落於香港島中半山。園內除了有温室花園，還住了很多不同種類的爬行類及哺乳類動物，例如狐獴、狐猴、猩猩、陸龜及水獺等。其鳥舍的雀鳥種類繁多，例如：鸚鵡、黑臉琵鷺、巨嘴鳥等。

除了欣賞動植物外，遊人也可於園中的古蹟徑漫步，參觀多個別具歷史意義的景點，如石柱及台階、紀念牌坊、涼亭、公園地標噴水池等，細味公園飽經歷史氛圍的故事。

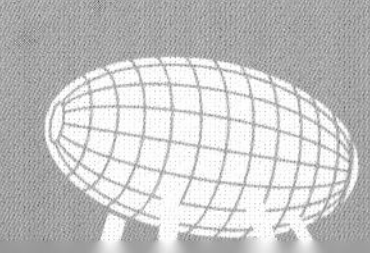

分類	公共設施
小知識	公園早期以蒐集和研究本地植物為主，故名「植物公園」。自 1876 年起，公園陸續飼養雀鳥及哺乳類動物。此後，園內動物及雀鳥數目與日俱增，至 1975 年，公園正式易名「香港動植物公園」。

香港科學園
Hong Kong Science and Technology Parks

香港科學園位於白石角，佔地 22 公頃，是本港最大的科研基地，亦是結合了科研辦公室、實驗室、會議場地、商鋪、餐廳於一身的嶄新設施。

科學園不單是推動創科發展的核心基地，更是一個充滿活力的社區。園內設有廣場、園中湖和露天劇場等休憩設施；在假日，不時會有機構在園內舉辦如市集、美食節、音樂節等活動。此外，科學園毗鄰單車徑，旁邊的海濱長廊，適合作單車遊歇腳地，是親子消閒活動的好去處。

分類	公共設施
小知識	「金蛋」是科學園的著名地標，命名為「高錕會議中心」，以表揚「光纖之父」高錕教授在科研領域的輝煌成就。這座建築造型別出心裁的會議中心，為各公司提供舉辦活動的場地，不少名人曾在此演說。

粵 普

數碼港
Cyberport

數碼港是港島南區的特色景點，它既是一個匯聚逾 2,000 間初創企業及科技公司的數碼社羣，同時為遊人提供一處休閒放鬆的好去處。

區內設有大型商場，其建築風格融合自然與科技，除了設有不同設施如辦公室、酒店、餐廳、商舖、電影院之外，亦精心設計了一些「寵物友善」措施，支援顧客與寵物所需。毗鄰商場的海濱公園坐擁海景，更有露天草地，供遊人野餐、放風箏，適合寵物和親子玩樂；另有具備互動式遊戲學習功能的遊樂場，寓學習於玩樂。

分類	公共設施
小知識	數碼港商場的戲院是全港首間頂級巨幕影院，畫面亮度、聲效和立體效果比一般影院更逼真震撼，且座椅舒適，吸引觀眾特地前往體驗。還有，特設的家庭影院，座位無縫連接，適合一家大小。

香港體育館
Hong Kong Coliseum

香港體育館，亦稱「紅磡體育館」，簡稱「紅館」。香港體育館自 1983 年啓用以來，一直是本地最受歡迎的綜合室內多用途表演及體育場館。

場館的外形上闊下窄，猶如一座倒轉的金字塔，內裏設有 12,500 個座位，座位和舞台均可靈活編排，場內並無任何支柱，觀眾視線不會受阻礙，適合舉辦國際會議、大型體育比賽、綜藝表演活動及流行音樂會。此外，館外亦設有一片寬廣偌大的露天廣場，也可用作舉辦展覽、嘉年華會等户外活動。

Daniel Fung/Shutterstock.com

分類	公共設施 
小知識	香港體育館設有四面觀眾席，閘口以紅色、藍色、綠色及黃色閘分辨，在入場券上一般會印上座位所處段落及顏色作識別。場館的位置交通便利，讓逾萬名觀眾可輕鬆乘搭各種公共交通工具前往活動場地。

啟德郵輪碼頭
Kai Tak Cruise Terminal

啟德郵輪碼頭的原址為舊啟德機場跑道之一，自 2013 年啟用開始便大大提升了香港作為亞洲郵輪樞紐的重要地位，同時亦是吸引本地及外地遊人的地標性建築。

郵輪碼頭全長約 850 米，其附屬設施達國際級水平，可供停泊世界上最大的郵輪，而郵輪碼頭大樓採用無柱式設計，設計靈活具彈性。此外，大樓頂層設有全港最大的空中花園，那裏有可飽覽香港島及九龍半島美景的觀景平台；設施包括中央草坪、水景花園、噴泉廣場等。

seaonweb/Shutterstock.com

分類	公共設施 
小知識	郵輪碼頭曾獲得環保建築大獎，大樓設計融入了許多環保元素，包括：採用太陽能發電、提供熱水；循環使用雨水和空調冷凝水作灌溉；以及採用自然對流通風設計等，以節約能源。

香港會議展覽中心
Hong Kong Convention and Exhibition Centre

香港會議展覽中心（簡稱「會展」）於1988年落成，位於灣仔海傍，毗鄰港鐵站，是亞洲首個專為展覽和會議用途而興建的大型會議及展覽場館。此外，會展還有酒店、辦公大樓和服務式住宅設施。

會展擁有流線型的建築外形，猶如飛鳥展翅般，配上偌大的玻璃幕牆，盡覽維港景致。而會展的新翼則經由填海擴建而成，其中會展二期臨海東北面為金紫荊廣場，放有象徵香港回歸的金紫荊雕像，亦是政府每天舉行升旗儀式的地方。

Tommy Alven/Shutterstock.com

分類	公共設施
小知識	香港會議展覽中心作為亞洲最佳展覽及會議場地之一，適合舉辦各類大型展覽，亦曾作為多項世界性會議的主要場地，包括：1997 年香港回歸中國大典、2005 年世界貿易組織部長級會議、2009 年國際金融服務展及論壇等。

機場
Airport

　　機場是飛機的家，也是旅客往來必經之地。香港國際機場位於大嶼山赤鱲角，現設有 3 條跑道，是重要的航空交通樞紐，連繫世界各地和各行各業。

　　在機場的離境大堂，每天都有很多旅客辦理登機手續，地勤服務員會幫忙將旅客的行李寄艙，而飛機師和機艙服務員（空中小姐或空中少爺）便在機上服務旅客。如果遇着航班延誤或需等待轉機，旅客可在機場特設的休憩處放鬆休息。此外，機場免稅店也成為令旅客樂而忘返的購物天堂。

© Pa2011 | Dreamstime.com

分類	公共設施
小知識	香港國際機場內有號稱全球機場禁區最長行人橋的「天際走廊」，全長 200 米，連接了 T1 衛星客運廊和一號客運大樓，讓旅客可便捷地來往兩座大樓。天際走廊的兩旁為玻璃地板，在上面行走時更可以看到飛機從底下穿過呢！

香港文化中心
Hong Kong Cultural Centre

不論音樂會、戲劇、歌劇、粵曲或舞蹈表演，當人們想欣賞文娛節目，便會想到位於尖沙咀的香港文化中心。因為它是本港主要的藝術表演場地，中心提供多個優質的表演場地，包括：音樂廳內設有一座樓高 4 層的大型管風琴，由奧地利公司以人手製造，是亞洲最大的管風琴之一；還有大劇院、劇場、展覽館及露天廣場，可供不同類別的藝術表演上演。

香港文化中心於 1989 年建成，前身是九廣鐵路的九龍總站，亦稱尖沙咀火車站。

分類	公共設施
小知識	香港文化中心的建築特色是那斜坡形的外觀，配上流線形的簡約屋脊，建築地面有一排斜柱面，呈三角形的空間，設計獨特。整體設計意念是，讓整座建築從天上俯瞰時像展開的翅膀，而從地上仰望時則像風帆。

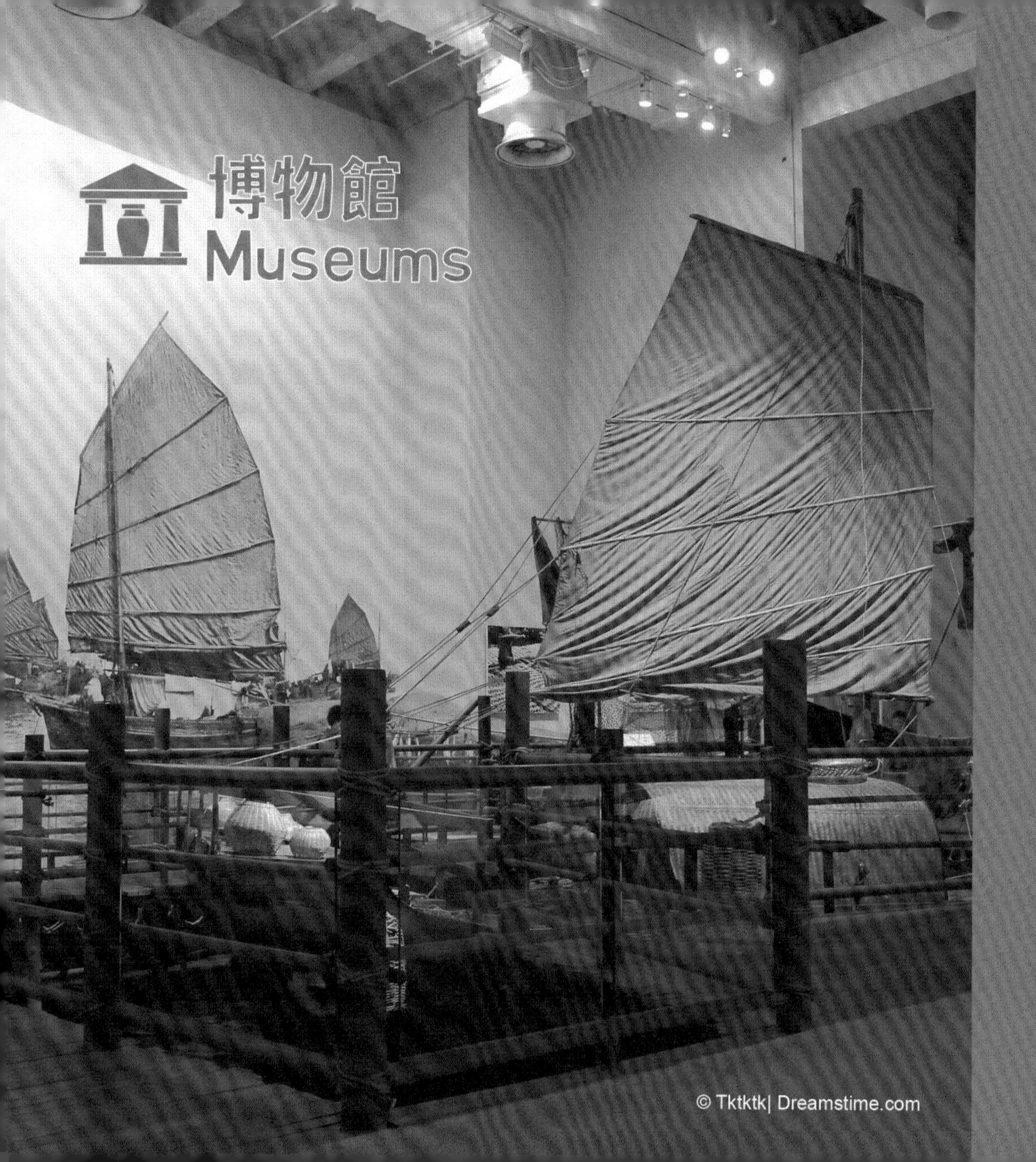
博物館
Museums

粵 普

香港雖然素有「購物天堂」和「美食之都」等美譽，但如果想知道更多古今中外文化，那就不要錯過博物館這個好地方。現時香港大概共有 60 間博物館，讓市民和遊客可以去探索和發掘更多關於歷史、藝術、文物、科學、太空，甚至是鐵路等領域，增進知識。博物館作為一處非牟利，並開放給公眾的機構，它肩負起傳播文化知識、保存文物及教育展示等重要角色。

香港科學館
Hong Kong Science Museum

位於尖沙咀的香港科學館（簡稱「科學館」）是一所致力推動科學普及化的博物館。科學館內設有各式有趣的互動展品，讓觀眾可以動手操作，體驗探索科學的樂趣。

館內展覽廳的主題豐富多樣，例如：地球科學、史前古生物、生物多樣性、光學、鏡像、磁電、創科等等。其鎮館展品「能量穿梭機」，是一座高 22 米的巨型展品，位於館內正中央，展示了能量與運動的轉化。而這座機械架構更是目前世界上同類型展品中最大的。

© Mike K. | Dreamstime.com

分類	博物館
小知識	香港科學館的館徽以三角形、半圓形、圓點和一抹彎線所組成，設計蘊含巧思。這些幾何圖形勾畫了該館的建築特式，而當中的小紅點和橙色彎線更巧妙地代表了鎮館展品「能量穿梭機」的圓球和軌道。

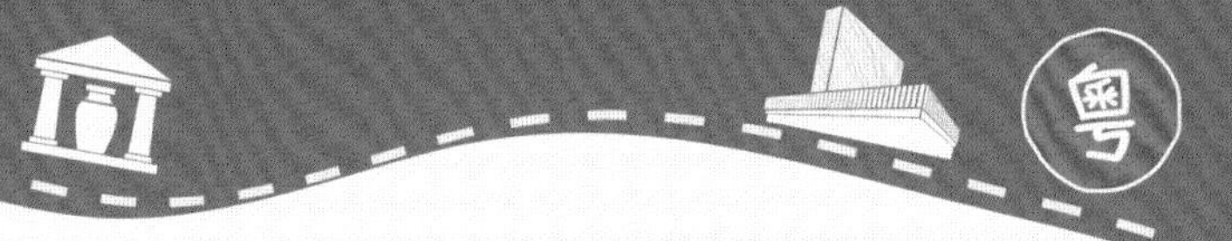

香港文化博物館
Hong Kong Heritage Museum

香港文化博物館是一座中國傳統四合院布局的建築，坐落於沙田城門河畔之上。

博物館開幕於2000年底，陳列面積達7,500平方米，當時屬香港規模最大的綜合性博物館；藏品涵蓋歷史、藝術和文化等不同範疇。展覽設施方面，館內設有12個展覽場館。其中的常設館，如徐展堂中國藝術館展示了歷代陶瓷、陶塑和青銅器等文物，讓大家更了解中國源遠流長的歷史。而「金庸館」內收藏了過百件與著名武俠小說家金庸相關的展品，包括作品手稿、金庸親書對聯、早期原著改編影視錄像等，可謂是全港唯一，相當珍貴。

分類	博物館
小知識	香港文化博物館共有 6 個常設館，「兒童探知館」屬其中之一，致力提高學習的互動性，寓教於樂。館內有不同主題學習遊戲區，例如讓孩子認識大自然生態、本地考古學家的工作、探索新界傳統鄉村的生活和體驗香港昔日的情懷。

粵 普

香港太空館
Hong Kong Space Museum

香港太空館是一所以推廣天文和太空科學知識的博物館，其外觀為一個蛋形的圓頂外殼，設計搶眼獨特，仿如一個「菠蘿包」。

自 1980 年開幕至今，太空館已成為香港的著名地標之一。全館分東、西翼，蛋形的東翼是太空館的核心，內設置有供放映全天域電影及 3D 立體電影的天象廳、宇宙展覽廳等；西翼設有太空探索展覽廳、演講廳等。此外，太空館每年也會舉辦不少推廣活動，如：鬧市星蹤、天文電影欣賞、特別天象觀測活動等，是獲取最新天文資訊和教學資源的好地方。

分類	博物館
小知識	天象廳經過歷年最大規模的翻新後，於 2021 年重新開放。除了更換數碼天象投影和音響系統外，還更換了其設計獨特的巨型半球屏幕，採用了最新無縫拼接的技術，影像更清晰、色彩更亮麗，提升觀眾的視聽體驗。

粵 普

香港故宮文化博物館
Hong Kong Palace Museum

香港故宮文化博物館（簡稱「香港故宮」）位於西九文化區西端，於2022年開幕，樓高7層，面積廣闊。館內設有9個展廳，展出逾900件來自北京故宮博物院的珍藏，涵蓋各大門類，如繪畫、青銅器、陶瓷、玉器、璽印、織繡、雕塑、圖書典籍等；不少是國家一級文物，部分藏品更是從未對外公開展出。

香港故宮的主色調及設計風格保留故宮的建築特色，除了以米金色配朱紅色作為主色，另一設計亮點是在空間上擷取了紫禁城建築的中軸線之概念。

Lee Yiu Tung/Shutterstock.com

分類	博物館 
小知識	對於香港故宮外觀取倒轉梯形的建築，讓人聯想到中國古代器皿——鼎。負責該建築的香港建築師嚴迅奇解說，博物館整體呈傾斜狀，上寬下窄，其實是在回應紫禁城建築特色，同時包含當代香港都市文化。

香港鐵路博物館
Hong Kong Railway Museum

鐵路迷如想感受懷舊情，就別錯過位於大埔墟市中心的香港鐵路博物館。博物館原址為舊大埔墟火車站，已有超過百年歷史了，是一座以傳統中式雕刻和金字頂的建築；火車站後來被列為法定古蹟，經修復及改建為博物館。

這裏主要介紹本地鐵路交通的歷史和發展，除保留了舊火車站古蹟和其他鐵路設備外，還展出舊蒸汽火車頭、柴油電動機車等；館內更設有 6 架歷史車卡，讓參觀者親身體驗乘坐各種古董列車，見證火車車廂不同年代的轉變。

kylauf/Shutterstock.com

分類	博物館
小知識	51 至 55 號柴油電動機車為首 5 架在香港使用的柴油電動機車，均於 1950 年代在澳洲製造；它們標誌着香港鐵路由蒸氣機車改用柴油電動機車的年代。

M+視覺文化博物館
M plus

M+ 視覺文化博物館為亞洲首間全球性當代視覺文化博物館，坐落西九文化區，於 2021 年開幕。其建築特色為由一個平台和一座修長的高樓組成一個倒轉英文字母「T」字，在天台花園更能飽覽海港美景，是罕見地標。

館內有近 17,000 米展覽空間、33 個展廳、3 個戲院、多媒體中心等，另設專題展覽，從多角度呈現二十及二十一世紀由本港、中國以至亞洲的視覺文化源流。藏品達 8,000 件，涵蓋設計及建築、流動影像及視覺藝術等範疇。

Lee Yiu Tung/Shutterstock.com

分類	博物館
小知識	M+ 博物館作為建築物，本身也堪稱藝術品。大樓朝向維多利亞港的一面龐大外牆，是全球最大型的媒體幕牆之一，可於晚上播放影音作品。

粵 普

葛量洪號滅火輪展覽館
Fireboat Alexander Grantham Exhibition Gallery

葛量洪號滅火輪展覽館位於鰂魚涌公園的海濱長廊；它有別於其他展覽館，原是香港消防處滅火輪隊的旗艦——「葛量洪號」，曾經於上世紀五十年代投入服務。由於它具歷史意義，香港歷史博物館把它列為藏品，活化成「葛量洪號滅火輪展覽館」，於 2007 年正式開放。全館面積約 1,200 平方米，展出獨特的消防文物，如逾百年歷史的消防金屬頭盔、舊式通訊儀器、銅鐘等；大家亦可在消防栓前拍照、模仿消防員使用水槍，趣味十足。

eXpose/Shutterstock.com

分類	博物館
小知識	「葛量洪號」是本港第一艘列為歷史文物保存的船隻，也是香港歷史博物館體積最大的藏品。這艘滅火輪為香港黃埔船塢所建造，是當時消防船隊中體積最大的滅火船，負責撲滅海上船舶以及沿岸的火警救援工作，及後於 2002 年退役。

歷史建築 Historic Buildings

香港擁有獨特的歷史背景，不少建築因為保留了英國管治期間的建築特色，導致本港的歷史建築種類繁多，既有傳統中式祠堂，亦有維多利亞時期、仿古羅馬的西式風格，以至中西合璧，文化互相交融，甚或受到特定的社會變遷的影響，如尖沙咀鐘樓、水警總部、終審法院大樓、藍屋等等；這些歷史建築皆隱藏着無形的社會故事，並蘊含豐富的藝術與人文氣息，深具保育的價值。

粵 普

屏山文物徑
Ping Shan Heritage Trail

屏山文物徑位於元朗屏山，是香港第一條文物徑，歷史悠久，於 1993 年開幕。遊客踏上這條全長 1.6 公里的文物徑，會加深對昔日鄉村風俗的認識；因為整個屏山鄉貫穿多個村落，如坑頭村、坑尾村和上璋圍等，沿途有不少景點，主要是典型中國傳統建築，其中更有多座被列入為法定古蹟的古塔及古色古香的宗祠，如聚星樓（香港僅存唯一的古塔）、鄧氏宗祠（香港最大的祠堂）、覲廷書室（古時科舉考試書室）等，具有珍貴的歷史價值。

分類	歷史建築
小知識	屏山文物徑是新界五大家族之一——「鄧氏」的主要據點，鄧族的歷史源遠流長，早於北宋末年已於錦田一帶定居，至南宋時期，其中一支後人遷至元朗屏山，逐步建立了「三圍六村」；同時興建聚星樓、鄧氏宗祠等建築，作為供奉祖先，團聚族羣之用。

尖沙咀鐘樓

Former Kowloon-Canton Railway Clock Tower

這座建於 1915 年的鐘樓一般被喚作「尖沙咀鐘樓」，但它的正式名稱其實是「前九廣鐵路鐘樓」，因為它曾經附屬前九廣鐵路的九龍總站，鐘樓為車站的一部分，並於 1990 年被列為香港法定古蹟。鐘樓以紅磚及花崗岩建成，樓高 44 米，樓頂設有一支長 7 米的避雷針；頂部為八角形設計，築有圓頂鐘塔，配上古典裝飾如柱子。鐘樓豎立已逾百年，見證着香港由昔日漁村演變成現在的國際都會。

分類	歷史建築
小知識	尖沙咀鐘樓的報時大鐘飽歷滄桑而一度停止運作，幸而在 2021 年，鐘樓重新鳴響，每逢早上 8 時至午夜 12 時便鳴鐘報時。鐘聲採用數碼技術還原，由原廠約翰泰勒鑄鐘廠協助重製，報時則與香港天文台同步，以摘取最標準的時間。

粵 普

大館
Tai Kwun

大館，即前中區警署，是香港現存少數建於十九世紀的建築物。其紅磚外牆配雕刻，甚具英國色彩的建築。坐落中環心臟地帶的大館，佔地廣闊，包括3幢法定古蹟：前中區警署、前中央裁判司署及前域多利監獄，合共16幢歷史建築物及户外空間。

大館曾於不同時期進行擴建及翻新，直至2018年活化為「大館——古蹟及藝術館」，搖身變成一所古蹟及藝術場地，展現170多年的歷史點滴，榮獲「聯合國教科文組織亞太區文化遺產保護獎」。

© YI Law | Dreamstime.com

分類	歷史建築
小知識	「大館」是昔日警務人員和公眾對前警察總部的暱稱，採用「大館」此名正好是為了突顯其歷史意義。此外，這裏是按照文物保育的最高規格，花了逾 10 年進行修復，實屬罕有。

1881（前水警總部）
1881 Heritage

1881 為前水警總部是現存最古老的政府建築物之一。這座古建築羣由 5 幢建築物組成，包括：主體大樓、馬廄、時間球塔、九龍消防局及消防宿舍；大樓的建築特色具維多利亞時代的風格。此地除了在日佔期間曾作日本海軍基地外，其提供水警服務至 1996 年為止，獲列為古蹟。

這座古蹟現已改建成為了大型商場，經修復及活化成為了酒店地標——「1881」，以不同概念的餐飲體驗作焦點。

分類	歷史建築
小知識	俗稱「圓屋」的時間球塔可謂是水警總部最具特色的建築，它是專為進入維港的船隻報時。報時塔上的桅杆有一個小圓球，當小圓球沿着桅杆慢慢落下，直到桅杆底部時則代表已經到了指定時間。

終審法院大樓
The Court of Final Appeal Building

終審法院大樓位於中環昃臣道於 1912 年落成，是香港的法定古蹟，擁有超過百年歷史。大樓興建時為最高法院，至 1980 年初改為立法會使用，隨着立法會遷往添馬艦，大樓於 2015 年起用作終審法院。

大樓以花崗石建造，採用新古典主義派，的建築風格，地面四周以愛奧尼亞式圓石柱環抱，也有中式兩層瓦片鋪設屋頂；正門上方的位置，放置了一個石製的英國國徽，旁邊刻有「ER」字樣，表示大樓建於愛德華七世在位時期；中央的圓拱頂上繪有皇家紋章。

分類	歷史建築
小知識	大樓頂部豎立一個高 2.7 米的「蒙眼女神」，她是誰？她是代表公義的希臘女神泰米斯。雕像的右手持天秤，左手持着劍，分別代表公正和權力；雕像被蒙上雙眼象徵法律精神不偏不倚。

美利樓
Murray House

美利樓是香港碩果僅存的維多利亞式建築物，它建於 1844 年，是以建成時英國軍人美利爵士的名字來命名。

美利樓現為著名的赤柱地標，但其實大樓原本位於港島中環花園道，用作駐港英軍的軍營；後來因原址要興建中銀大廈，大樓遂於 1982 年遭到拆卸，及後在 1998 年於赤柱重新安置。由於美利樓屬早期英國管治期間的建築，曾被評為一級歷史建築，其建築設計可謂中西合壁，採用了西式的圓柱和中式的瓦頂，成為現存歷史保存得最悠久的同類建築物。

© Pindiyath100 | Dreamstime.com

分類	歷史建築
小知識	若仔細留意，便會看到美利樓的磚石記有編碼；因為當年美利樓被拆卸前，政府決定把整幢完整保留，於是把建築的 3,000 多件樑柱和磚石逐一編碼，方便遷往赤柱後能按照編碼如砌積木般回復原貌，而這也是香港最大規模的古蹟搬遷工程之一。

美荷樓
Mei Ho House

位於深水埗的美荷樓是第一代徙置區的公屋始祖，更是香港公共房屋碩果僅存的「H型」徙置大廈，現在已活化為美荷樓青年旅舍，以及美荷樓生活館供大眾參觀。

美荷樓的誕生源於1953年的聖誕夜，當時石硤尾寮屋區發生一場大火；災後，政府肩負起安置因大火失去家園之5萬多名市民的責任，因而開展了興建公屋計劃，包括美荷樓在內的首批8座6層高的徙置大廈。而美荷樓於2010年被評定為「二級歷史建築」，見證着香港徙置及公共房屋的發展。

分類	歷史建築
小知識	美荷樓的特色在於兩翼住宅單位的中央有一字形建築連接，構成外型像「H」的英文字，故被稱為「H 型」第一型徙置大廈。美荷樓屬鋼筋混凝土構架建築物，所有單位均面向長形的開放式走廊；大廈按英文字母排序，於 1954 年落成的美荷樓則被編為 H 座。

粵 普

藍屋
Blue House

藍屋是一座擁有百年歷史的唐樓，位於灣仔石水渠街，因外牆被塗上藍色，而稱為「藍屋」。其原址在十九世紀興建的「華佗醫院」；至上世紀 1920 年代改建為樓高 4 層的唐樓；曾經用作武館、醫館、義學等。

藍屋充滿嶺南特色，單位設有寬闊的「騎樓」、木製樓梯及門窗、磚砌的承重主力牆等少見的內部建構。政府採用「留屋留人」活化策略，令藍屋於 2017 年奪得聯合國教科文組織亞太區文化遺產保護獎卓越獎項，乃首次有香港保育歷史建築項目獲此殊榮。

分類	歷史建築
小知識	藍屋給人最難忘的當然是它藍色的外牆。其實藍屋起初並非藍色，而老一輩居民也不喜歡「死人藍」的不吉利；只因為在 1980 年代政府進行修葺時，工人發現只剩下用剩的藍色油漆可用，於是一幢普通的唐樓變成「藍屋」了。

旅遊名勝
Tourist Attractions

粵 普

香港的旅遊名勝絕不限於吃喝玩樂，當中還蘊含着豐富的旅遊體驗，無論是親近大自然的太平山頂、大澳水鄉棚屋，又或是走進繁華都市的高樓大廈、商場，甚至是紀念香港於 1997 年主權移交的金紫荊廣場等，每一個名勝都各具特色，並為享有「東方之珠」美譽的香港增添更多姿彩，難怪旅客絡繹不絕，除了本地，內地，以至來自世界各地的遊客都前來參觀。

太平山頂
Victoria Peak

太平山頂是香港最具代表性的旅遊名勝，由於位處香港島的最高峯，遊人登山後能俯瞰維多利亞港的全貌。前往的交通首選山頂纜車，約 10 分鐘的車程，從海拔 33 米攀至 396 米，沿途兩旁的景色彷彿在往後倒退，成為有趣的登山之旅。

一下纜車，來到呈半月形的凌霄閣，其頂層的「摩天台 428」是一個位於海拔 428 米高的觀景台，提供 360 度的視野；亦可以參觀「杜莎夫人蠟像館」，與全球名人明星蠟像拍照。

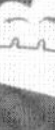

分類	旅遊名勝
小知識	山頂纜車已有逾百年歷史，為全球最古老的纜索鐵路之一；於 1888 年啟用，是亞洲第一條纜索鐵路，往來中環與太平山之間。時至今日，經過翻新後的第六代山頂纜車，已換上復古墨綠色車身，配備全景玻璃窗，讓乘客在乘坐期間，多角度欣賞維港景色。

星光大道
Avenue of Stars

星光大道位於尖沙咀海濱長廊，是於 2014 年建成的旅遊名勝，以表揚香港電影業界的傑出人士。大道在 2018 年底曾進行翻新工程，至 2019 年重開。在入口處，矗立着一個高 6 米的香港電影金像獎銅像；大道上擺放着多尊銅像，如為功夫電影發揚光大的李小龍銅像、梅艷芳演繹《似水流年》的銅像和代表香港動漫文化的麥兜銅像等。大道中段，還有以電影拍攝情景為題的塑像，有導演、攝影師、燈光師及收音師等，栩栩如生，讓遊人猶如置身於拍攝現場當中。

© Osaze Cuomo| Dreamstime.com

分類	旅遊名勝
小知識	星光大道在修葺之後，除了擴充了休憩設施，大大提升行人流通的空間；最大的不同之處是把巨星掌印由刻入地面移至海旁欄杆上，同時加入數碼元素，供遊人以智能手機掃描二維碼，便可瀏覽該巨星的簡介，還可收看相關的電影短片。

粵 普

金紫荊廣場
Golden Bauhinia Square

金紫荊廣場位於維多利亞港灣仔海濱，毗連香港會議展覽中心新翼，它對香港市民來説具有深厚的意義，它是中國政府於 1997 年送贈港人作慶祝回歸的賀禮。

廣場的中央矗立着一座名為「永遠盛開的紫荊花」的貼金銅雕，寓意香港永遠繁榮昌盛。銅雕高 6 米，重 70 噸，以青銅鑄造；底座為紅色花崗岩，圓柱方底，寓意九州方圓；刻有長城圖案，象徵中國懷抱香港。廣場每日上午 8 時舉行升旗儀式，晚上 6 時則進行降旗儀式，吸引不少旅客前來觀看。

eXpose/Shutterstock.com

分類	旅遊名勝
小知識	一般而言，升旗儀式由 5 名警員負責，現場播放中華人民共和國國歌，降旗儀式則不會奏國歌。每年香港特區成立紀念日（7 月 1 日）及國慶日（10 月 1 日），行政長官會率領主要官員、中央駐港機構負責人等出席升旗儀式。

天壇大佛
The Big Buddha

大嶼山最著名的旅遊景點莫過於昂坪 360 和天壇大佛，吸引眾多中外遊客和信徒前來參觀朝拜。昂坪 360 纜車之旅，全長 5.7 公里，是亞洲最長的雙纜索纜車系統。纜車連接東涌至昂坪，直達昂坪市集，也是前往天壇大佛、寶蓮禪寺等景點的最佳方法。端坐在昂坪木魚峯上的天壇大佛，高 34 米，重 220 公噸，是全球最高的户外青銅坐佛；這尊由寶蓮禪寺籌建，歷時 12 年鑄造落成的大佛，其前方設有 268 級石階，遊人每次登頂親近，將深度體驗羣山環抱的動人景色。

分類	旅遊名勝
小知識	天壇大佛除了是香港重要的地標，更是佛教造像藝術的一項傑出成就。大佛每一處細緻都蘊含宗教的象徵意義，右手展示「無畏印」代表救贖眾生痛苦的大悲心願，左手則下垂腿上，展示「予願印」，寓意予眾生福樂。

國際金融中心
International Finance Centre, IFC

坐落於香港站上蓋的國際金融中心（簡稱「國金」）分為一期、二期、商場和酒店四大部分，為綜合發展項目，集頂級寫字樓、國際知名消閒購物商場及世界級酒店於一身的著名地標。

這座於 2003 年落成，高 415.8 米的國金，曾是當時全球第五高、大中華地區第二高及香港第一高的建築物（現為全港第二高，僅次於環球貿易廣場）。國際金融中心也是出自著名建築馬來西亞雙子塔的建築師西薩·佩里（César Pelli），兩者均成功延續了其傳統摩天大樓的磅礡氣勢。

分類	旅遊名勝
小知識	荷里活電影《蝙蝠俠——黑夜之神》的導演基斯杜化·洛倫(Christopher Nolan)曾於 2007 年親自來港借用國際金融中心作取景。據悉，當時拍攝的鏡頭，是蝙蝠俠從大樓的頂樓一躍而下的一幕，這在香港以致全球也牽起一時熱話。

普

中銀大廈
Bank of China Tower

中銀大廈位於金鐘花園道一號，其建築特色備受關注。大廈樓高 70 層，加上頂上兩杆的高度，總樓高 367.4 米，在 1990 年建成時，曾是香港最高的建築物，也是世界第五高建築物。

它是由美籍華裔建築師貝聿銘所設計的，他善於將中國的傳統建築意念和現代科技結合起來，而中銀大廈的外形靈感源自竹子的「節節上升」，象徵力量、生機、茁壯和鋭意進取的精神。大廈由玻璃幕牆與鋁合金構成，呈立體幾何的建築物，矗立在香港的核心商業地帶，傲視維多利亞港。

© Ovidiu Dugulan | Dreamstime.com

分類	旅遊名勝 
小知識	中國銀行與貝聿銘家族的淵源甚深，其父親貝祖貽是中國銀行的創始人之一，曾擔任當時的中央銀行總裁、中國銀行總經理等職務，並於 1918 年創立中國銀行的香港分行；貝聿銘設計的香港中國銀行大廈，也是他向父親致敬的匠心之作。

香港仔避風塘
Aberdeen Typhoon Shelter

漁業在上世紀六、七十年代是香港主要的產業之一，其中香港仔本是一個傳統漁村，即使社會經歷着不同的城市變遷，但香港仔避風塘仍保留着昔日傳統漁村的面貌，目前還有數百户漁民（以蜑家人及鶴佬人為主）過着以漁船為家的水上人生活。

由於鄰近香港仔漁類批發市場，不少漁船均以避風塘為營運基地；而避風塘的著名地標是五十年代開業的珍寶海鮮坊王國，雖然現已成絕唱，但乘坐街渡，來往香港仔與鴨脷洲之間，不失為體驗漁民生活之選。

© Plotnikov | Dreamstime.com

分類	旅遊名勝
小知識	關於香港仔的美食，大家很容易便會想起香港仔魚蛋，除此之外，還有一種美食與漁民情懷息息相關的，那就是由本地漁民在船上煮的傳統艇仔粉。艇家自駕小艇靠在香港仔和鴨脷洲岸邊開檔，客人即叫即煮，已成為香港南區的一大特色。

大澳水鄉棚屋
Tai O's Stilt House

大澳位於大嶼山西部，百多年來是漁民蜑家人的聚居點；當地居民大多住在興建於水道兩旁的棚屋，日常可以坐舢舨漫遊，故大澳有「東方威尼斯」之稱。

棚屋是大澳的著名地標，由於大部分居民以捕魚和曬鹽等維生，便選擇靠海而居，最初把破舊木船停泊在岸邊，用木柱鞏固，這種「房屋」慢慢演變成今天的棚屋。傳統棚屋的「棚頭」即露台，是棚屋間的通道；「棚尾」則供曬鹹魚和蝦乾；棚屋設小梯伸延到水面，以便直達棚下的小艇。

分類	旅遊名勝
小知識	遊大澳水鄉，可以先到專門介紹大澳早年風貌的「大澳文化工作室」，了解大澳的漁村文化，亦可以到關帝廟、楊侯廟和前大澳警署等景點，或到由棚屋改裝而成的咖啡室，在河畔品嘗下午茶；若想買些大澳特產，蝦醬和鹹魚必然是首選了。

自然景觀 Natural Landscapes

香港是一個令人難忘的城市，擁有得天獨厚的地理環境及自然景觀，不論山嶺、草原、廣闊的海島及海岸線等，比如獅子山、南丫島、地質公園等；在亞熱帶氣候影響下，其生態系統和動植物品種均具有保育價值。此外，最能迷倒世界各地遊客的，正是香港的自然景觀大都能輕而易「到」，只需一個多小時的車程或船程，我們便可以遠離繁囂，前往壯麗的大自然，感受醉人的美景。

粵 普

長洲
Cheung Chau

長洲是位於大嶼山東南方的一個小島，過去以傳統漁業和造船業為主，現已發展成著名的旅遊點，並以獨特的海岸景致聞名，因狀似啞鈴而有「啞鈴島」之別稱。長洲內沒有陸上公共設施，前往的唯一途徑是乘坐輪船至長洲碼頭，但有不少觀光名勝，例如傳説中海盜張保仔收藏寶物的山洞——張保仔洞、建於清朝乾隆年間的北帝廟和法定古蹟長洲石刻等。此外，長洲每年均會舉辦已有過百年歷史的傳統節慶活動——長洲太平清醮，此乃長洲最大型活動，每次均吸引大批人士慕名參觀。

分類	自然景觀 
小知識	長洲太平清醮於 2011 年被列為第三批國家級非物質文化遺產，於每年農曆四月初八（即佛誕）舉行，活動包括「飄色巡遊」（小孩穿上鮮豔的服裝站在支架上被抬起），而「搶包山」最為矚目，參賽者攀上「包山」，爭相摘取最多平安包。

南丫島
Lamma Island

南丫島是香港第三大島嶼，面積 13.85 平方公里；這個小島外形似漢字「丫」，加上位於香港南區，所以稱「南丫島」；南丫島可以劃分為榕樹灣和索罟灣，旅客由中環碼頭乘搭渡輪前往只需半小時。

榕樹灣大街兩旁設有海鮮餐廳、酒吧和咖啡館；索罟灣設有漁民文化村，遍佈傳統漁村生活的印記；天后廟和洪聖爺灣泳灘也是不少人嚮往的休閒勝地。島上居民以外藉人士居多，洋溢着島國風情。南丫島亦因「周潤發故鄉」而聞名，吸引了眾多旅客前來觀光和居住。

分類	自然景觀
小知識	南丫島大嶺上設有一個大型風力發電站——「南丫風采發電站」，這座「風車」是香港首個風力渦輪機，是使用風力的商用發電站，由香港電燈公司斥資 1,500 萬港元興建，為支持香港可再生能源發展而興建。

粵 普

獅子山
Lion Rock

獅子山是香港著名山峯，佇立於九龍和新界之間，海拔 495 米高。位置正中，處身港島、九龍或新界很多地方，抬頭便可看到它的雄姿。獅子山西崖石嶙峋，狀如獅頭；山脊由西向東像獅背，山勢酷似一頭獅子雄據，因而得名。

獅子山為獅子山郊野公園的主要部分，亦為該公園的名稱由來，範圍包括北九龍與沙田之間的山嶺，西端毗鄰金山郊野公園。上世紀七十年代名曲《獅子山下》，細緻刻劃香港人的生活，難怪「獅子山精神」已拿來形容香港一代人的拼勁精神。

分類	自然景觀 
小知識	你聽過望夫石這民間故事嗎？相傳有一婦人抱着孩子，登山望海，盼出洋的夫君早日歸來；一次登山時在雷電交加下消失，變成一尊形神皆似母子的巨石。這座曾被選為「香港最美岩石」位於沙田紅梅谷，屬於獅子山系的一座小山。

粵 普

南生圍
Nam Sang Wai

南生圍位於元朗橫洲東面，被錦田河及山貝河包圍，與米埔自然護理區、大生圍等沼澤地帶相連。南生圍擁有紅樹林、桉樹林、蘆葦叢、魚塘等美景，同時亦是眾多自然生物的棲息樂土，除了稀有的黑臉琵鷺、白鷺、針尾鴨和斑嘴鴨外，還有招潮蟹、彈塗魚等等。

這片山林景色近年吸引了不少遊人前來觀鳥、拍照，其中長木橋（婚紗橋）更成為拍攝婚紗照的熱點。南生圍的山貝河還有極具特色的交通工具——橫水渡，這可能是香港唯一一個以人手操作的橫水渡。

分類	自然景觀  
小知識	南生圍的「圍」字，原本是基圍之意，基圍主要飼養的就是基圍蝦。由於山貝河地勢四面環抱，南生圍內河道縱橫交錯，村民將之圍堵成方格魚塘，加上雨季令河水泛濫，鹹水和淡水混雜，基圍蝦及元朗烏頭正是出自南生圍的魚塘。

粵 普

萬宜水庫
High Island Reservoir

萬宜水庫建於 1979 年，位於西貢東郊野公園，是香港儲水量最大的水庫，容量達 2.81 億立方米。水庫在東西兩方設有 2 條堤壩，稱為東壩及西壩，並將糧船灣洲連接起來。

東壩一帶現已列入為香港世界地質公園範圍，當中有不少極具特色的景點，六角岩柱羣是最著名的，它是源於在 1.4 億年前，香港曾經歷一次極度猛烈的火山爆發，因火山活動而形成龐大的六角岩柱羣。除此，還有斷層、扭曲石柱、海蝕洞、防波堤等地質現象，不禁令人驚歎大自然的鬼斧神工。

分類	自然景觀
小知識	萬宜水庫風景秀麗，夏日時湖水湛藍。無論是東壩或西壩，均各具可賞性，比如西壩面向西南方，適宜欣賞日落；東壩則遠離市區，由於光害較少，夜晚很適合觀星。

粵 普

林村許願樹
Lam Tsuen Wishing Trees

所謂「林村」其實是由多條村落組成，許願樹便是位於放馬莆村內的一棵榕樹。每逢農曆年，村民便到天后廟參拜，並會在樹的根部燃點香燭冥鏹祈福，之後再製作寶牒，寫上姓名及願望等，向廟外的大樹拋寶牒；相傳把寶牒拋上樹幹越高，願望就會越容易成真。

及至 2005 年農曆年，許願樹不勝負荷令主幹塌下，於是便重塑一棵高 25 呎玻璃鋼樹幹仿真細葉榕，寶牒則換成塑膠橙，減輕樹幹的負擔，而這種習俗已成為本地以至外國旅客慕名而來的節慶活動。

分類	自然景觀 
小知識	那棵於 2005 年主幹塌下的許願樹至今已休養多年，因受損嚴重，有明顯腐爛的樹幹已被切除，並需經一番保育工作，才能長出新枝。這反映樹木一旦破壞，要復原很困難，所以推廣保護樹木的訊息相當重要。

香港濕地公園
Hong Kong Wetland Park

香港濕地公園位於元朗天水圍北部，毗鄰米埔內后海灣拉姆薩爾濕地，是一個集自然護理及教育於一身的世界級生態旅遊景點。

公園佔地寬廣，有一個 60 公頃並設有為水鳥和野生動物而重建的濕地保護區；另有溪畔漫遊徑、演替之路、紅樹林浮橋和 3 間觀鳥屋等，旅客可以在淡水沼澤、泥灘、紅樹林等不同的濕地，近距離觀賞到獨特的動植物，像全球瀕危動物之一的黑臉琵鷺。而在「沼澤歷奇」遊戲室則有兩層樓高的樹屋，適合身高 1 至 1.5 米的小孩玩樂，加強保育教育。

分類	自然景觀 
小知識	雌性小灣鱷貝貝於 2003 年被漁農及自然護理署捕獲後，在 2006 年入住濕地公園「貝貝之家」展覽館，至今已近 20 年。灣鱷是大型爬行動物，壽命可達 70 至 100 歲，貝貝轉眼現在 23 歲，仍很年輕。大家探訪貝貝時記得要保持安靜，避免騷擾到牠。

粵 普

香港地質公園
Hong Kong UNESCO Global Geopark

香港地質公園是一座位於新界東部和東北部的地質公園，佔地達 150 平方公里。公園有「西貢東北火山岩」和「新界東北沉積岩」兩部分，共 8 個景區。

「西貢火山岩」園區包括糧船灣、甕缸羣島、果洲羣島和橋咀洲；「新界沉積岩」園區包括東平洲、印洲塘、赤門和赤洲——黃竹角咀，均以世界罕見的六角形火山岩柱羣、多樣的海岸侵蝕地貌和多個時代如古生代泥盆紀、中生代侏羅紀、白堊紀至新生代古近紀的沉積地層為主要特色。旅客可探索海灘、海蝕，以及連島沙洲。

分類	自然景觀 
小知識	「香港地質公園」是簡稱，全名是「香港聯合國教科文組織世界地質公園」；公園面積不算大，卻展現了豐富的地質面貌，其中「西貢火山岩」園區內有獨特的六角形岩柱羣，約在 1.4 億年前由火山爆發成，極其罕有。

普

淺水灣
Repulse Bay

淺水灣是位處港島南區的一個海灣，鄰近赤柱、深水灣等地；「淺水灣」這名字因海灣水深較淺而得名。由於環境清幽，因此建有許多豪宅，可謂是香港最高檔的住宅區之一。

灣內的淺水灣泳灘是熱門的海灘，綿延292公尺，形狀呈彎月形，以水清沙幼而聞名，非常適合玩各式沙灘活動，好像游水、曬太陽、打沙灘排球等；淺水灣是看日落的勝地，旅客會專程拜訪。毗連淺水灣泳灘東面是鎮海樓公園，園內有天后像及觀世音像，還有掌管姻緣的月老及姻緣石。

分類	自然景觀
小知識	除了美景，淺水灣亦設有文學徑；因為文學作家張愛玲跟香港有不解之緣，其名著《傾城之戀》便是以淺水灣為背景。文學徑名「張愛玲香港之旅」，小徑上設 3 張長凳，並以子彈、書本及行李箱作擺設，象徵張愛玲 3 次來港之旅。

新雅小百科系列

香港社區

編　　寫：新雅編輯室
責任編輯：胡頌茵
美術設計：郭中文
出　　版：新雅文化事業有限公司
香港英皇道 499 號北角工業大廈 18 樓
電話：(852) 2138 7998
傳真：(852) 2597 4003
網址：http://www.sunya.com.hk
電郵：marketing@sunya.com.hk
發　　行：香港聯合書刊物流有限公司
香港荃灣德士古道 220-248 號荃灣工業中心 16 樓
電話：(852) 2150 2100
傳真：(852) 2407 3062
電郵：info@suplogistics.com.hk
印　　刷：中華商務彩色印刷有限公司
香港新界大埔汀麗路 36 號
版　　次：二〇二三年十二月初版

ISBN: 978-962-08-8289-0

18/F, North Point Industrial Building,499 King's Road, Hong Kong.
Published in Hong Kong SAR, China
Printed in China

鳴謝：
本書照片由 Shutterstock 及 Dreamstime 授權許可使用。